FORSCHUNGSBERICHTE DES LANDES NORDRHEIN-WESTFALEN

Nr. 2507

Herausgegeben im Auftrage des Ministerpräsidenten Heinz Kühn
vom Minister für Wissenschaft und Forschung Johannes Rau

Prof. Dr. Almut Klemer

Organisch-Chemisches Institut der
Westfälischen Wilhelms-Universität

Synthese des Rohrzuckers und analoger Disaccharide

Westdeutscher Verlag 1975

ISBN-13: 978-3-531-02507-0   e-ISBN-13: 978-3-322-88085-7
DOI: 10.1007/978-3-322-88085-7

<u>Inhalt</u>

A. Einleitung

Um die Synthese des Rohrzuckers (der Saccharose) hat man
sich seit 1928 in fast allen Kohlenhydratforschungsstätten
der Welt bemüht. Sie ist deshalb so schwierig durchzu-
führen, weil man einerseits eine α-glucosidische- und
andererseits eine ß-fructo-furanosidische Disaccharidbindung in einem System errichten muß.

Schon die Synthese sterisch einheitlicher α-Glucoside und
besonders ß-Fructo-furanoside ist außerordentlich schwierig,
da in der Glucosereihe die ß-Konfiguration und in der
Fructo-furanose-Reihe die α-Konfiguration vorherrscht.

Es sind im Verlaufe der Jahrzehnte viele Versuche zur
Synthese der Saccharose publiziert worden, bei denen jedoch aus den genannten Gründen stets nur die sterisch be-
günstigte Isosaccharose mit ß-D-gluco- und α-D-fructo-
Konfiguration erhalten wurde (1).

Erst 1953 gelang die erste Saccharosesynthese. Lemieux
und Huber (2) erhitzten 1.2-Anhydro-3.4.6-tri-O-acetyl-
α-D-glucopyranose mit 1.3.4.6-Tetra-O-acetyl-fructo-
furanose 104 Stdn. auf 100° C und erhielten nach chroma-
tographischer Auftrennung eine geringe Menge Octa-O-
acetyl-saccharose. Die Reaktionsbedingungen waren aber so
extrem und die Ausbeute so gering, daß keine konkreten
Aussagen zum Reaktionsablauf gemacht werden konnten, so
daß diese erste Synthese insgesamt als ein noch nicht
befriedigend gelöstes Problem anzusehen ist.

Wie im folgenden u. a. berichtet wird, gelang uns im
Rahmen dieses Forschungsvorhabens eine Synthese der Octa-
O-methyl-saccharose, die unter sehr milden Bedingungen
verläuft. Sie wurde Anfang 1970 publiziert (3).
1971 erschien eine dritte Synthese der Saccharose (4), bei
der fast ein von uns eingeschlagener Weg beschritten wurde
(vgl. S. 8). Fletcher und Mitarb. setzten ihre 1.3.4.6-
Tetra-O-benzyl-ß-D-fructo-furanose (4) mit 2.3.4.6-Tetra-O-
benzyl-α-D-glucopyranosyl-bromid in Gegenwart von Ag ClO_4
und Ag_2CO_3 um. Neben anderen Produkten entstand eine kleine
Menge Saccharose (4.5 %).

Wir untersuchten verschiedene Synthesewege und zwar auf der Basis von uns gefundener völlig neuartiger Verfahren zur Synthese von α-Glykosiden und α-verknüpften Disacchariden des Trehalosetyps. Diesen Synthesen liegt folgendes Prinzip zugrunde:

1. Wir gehen von Trimethylsilyl-α-glykosiden aus, die in Gegenwart von Silberperchlorat durch Alkylhalogenide oder Glykosylhalogenide elektrophil am Sauerstoff der O-Si-Bindung substituiert werden (5). Die resultierenden Alkyl-glykoside bzw. Disaccharide besitzen somit die gleiche Konfiguration wie das eingesetzte Trimethylsilyl-glykosid. Dieses Prinzip sei am Beispiel der Synthese der α,α-Trehalose erläutert (6) (Abb. 1).

Das Trimethylsilyl-2.3.4.6-tetra-O-benzyl-α-D-glucosid ($\underline{1}$) wird mit 2.3.4.6-Tetra-O-benzyl-α-glucosylchlorid ($\underline{2}$) in Gegenwart von Silberperchlorat umgesetzt. Als einziges Disaccharid entsteht Octa-O-benzyl-α.α-Trehalose ($\underline{4}$). Das beweist, daß außer der Silylkomponente auch die Halogen-Verbindung unter Beibehalt ihrer Konfiguration reagiert. Dies ist darauf zurückzuführen, daß das Glucosylhalogenid mit Ag ClO_4 ein enges Ionenpaar ($\underline{3}$) bilden kann. Eine reaktive Nachbargruppe, die in der Glucosereihe zur ß-Konfiguration des Folgeproduktes führen würde, ist hier nicht vorhanden. Bevorzugt findet Reaktion unter Ausbildung der α-Konfiguration statt.

2. Das zweite Verfahren stellt eine vereinfachte Modifizierung des unter 1. genannten Syntheseprinzips dar (7). Das obengenannte Ionenpaar ($\underline{3}$) sollte sich auch direkt aus einem C-1-freien Zucker mit Perchlorsäure unter Wasser-Abspaltung bilden, und somit sollten auf diesem wesentlich einfacheren Weg ebenfalls α.α-verknüpfte Disaccharide zu erhalten sein, sofern der eingesetzte Zucker keine reaktiven Nachbarschutzgruppen besitzt. Wie Abb. 1 zeigt,

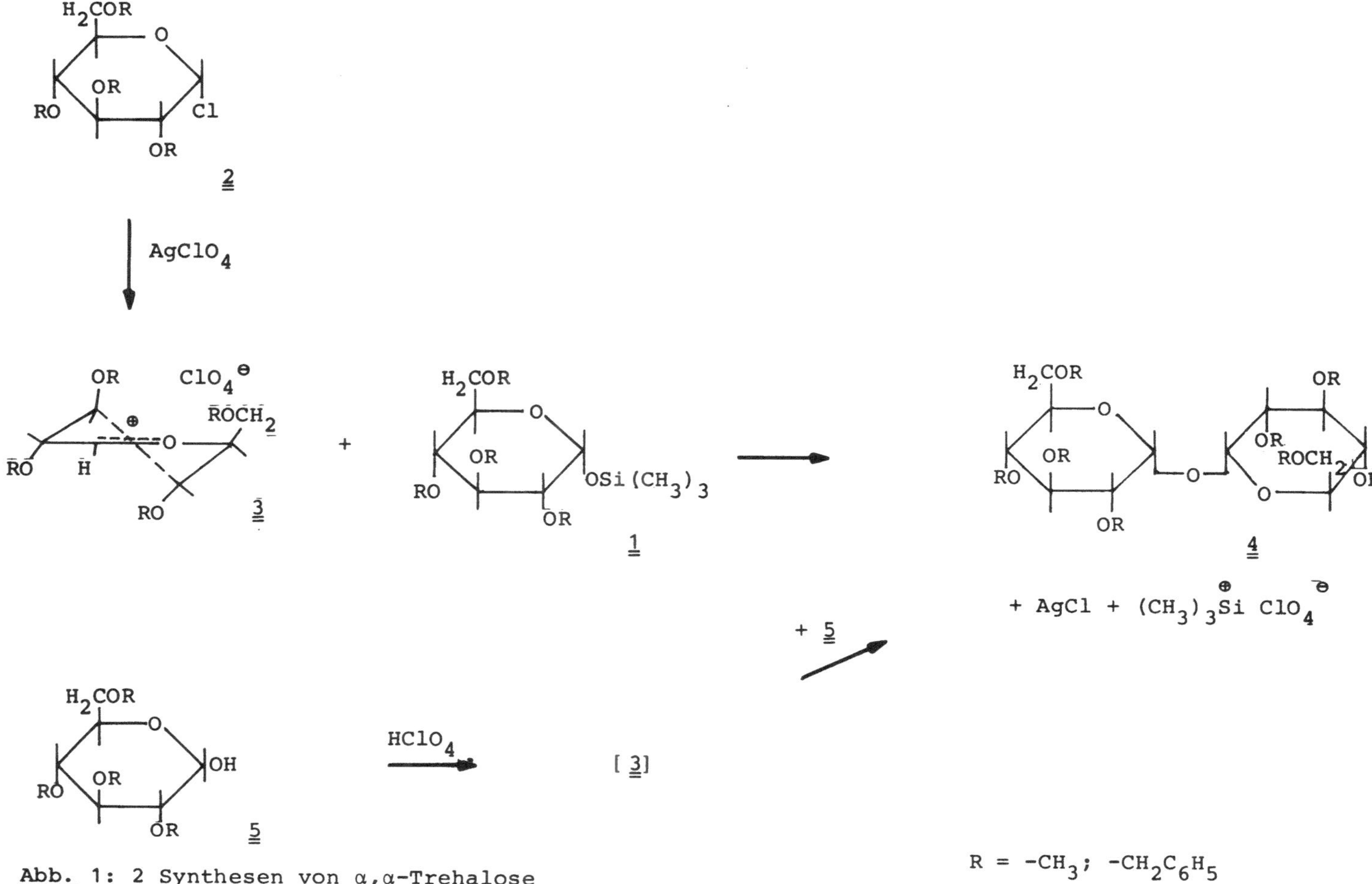

Abb. 1: 2 Synthesen von α,α-Trehalose

7

erhält man aus 2.3.4.6-Tetra-O-benzyl-glucose (5) mit
katalytischen Mengen Perchlorsäure in einem inerten Lösungsmittel direkt in Ausbeuten bis zu 60 % Octa-O-benzyl-
trehalosen, unter denen das α.α-Isomere stark überwiegt (8).

<u>C. Hauptteil</u>

I. Synthese der α.α-Saccharose (α-D-Glucopyranosyl-α-D-fructo-furanosid)(7)(9)

Aufgrund dieser Arbeiten sollte zunächst eine Rohrzucker-
synthese ausgehend von dem genannten Trimethylsilyl-tetra-
O-benzyl-α-glucosid (1), 1.3.4.6-Tetra-benzyl-fructo-
furanosyl-chlorid und Silberperchlorat untersucht werden.
Wir hatten jedoch unerwartete Schwierigkeiten mit der
Synthese der zu der Zeit noch unbekannten 1.3.4.6-Tetra-
O-benzyl-fructo-furanose (21). Wir versuchten, diese Ver-
bindung durch Hydrolyse von Octa-O-benzyl-saccharose oder
Benzyl-tetra-O-benzyl-fructo-furanosid (10) zu gewinnen.
Jedoch lag das erhaltene reine, aber sirupöse Produkt weit-
gehend in der offenkettigen Form vor, so daß wir den vorge-
sehenen Weg modifizieren mußten.

Wir setzten als Halogenkomponente das bekannte Tetra-O-
benzoyl-α-D-fructo-furanosyl-bromid (6) ein, obwohl wir
aus unseren anderen Synthesen wußten, daß hierbei Nebenreaktionen in erheblichem Umfange zu erwarten waren. Der
sterische Ablauf der Reaktion ist komplexer aufgrund der
möglichen Nachbargruppen-Beteiligung der Benzoylgruppen.
Demgemäß war von vornherein auch mit der Bildung von
Disacchariden mit anomerer Fructose-Konfiguration zu
rechnen. Außerdem mußten wir Nebenreaktionen, die von
Acylwanderungen herrühren, einkalkulieren.

Diese Synthese führte zwar nicht zur Saccharose, lieferte
dafür aber das bisher unbekannte α.α-Isomere der Saccharose.

Die Reaktion von Trimethylsilyl-2.3.4.6-tetra-O-benzyl-α-D-
glucosid (1) mit Tetra-O-benzoyl-fructo-furanosyl-bromid (6)
erfolgte wie bei den früher durchgeführten Synthesen in
Gegenwart von Silberperchlorat. Durch hydrogenolytische
Entfernung der Benzylreste, Verseifung der Benzoylgruppen
und anschließende Acetylierung wurden einheitliche Schutzgruppen eingebracht. Die präparative Chromatographie lieferte sodann neben Monomeren zwei Disaccharid-Acetate.(Abb. 2)

1. das neue α.α-Isomere der Octa-O-acetyl-saccharose (7) und
2. das altbekannte Iso-saccharose-Octa-O-acetat (8) mit
ß-gluco- und α-fructo-Konfiguration.

Da die Aufarbeitung ziemlich umständlich war, prüften wir
in einer sonst analog geführten Synthese die Umsetzung von
Trimethylsilyl-2.3.4.6-tetra-O-acetyl-α-D-glucosid (9), das
sich aus 2.3.4.6-Tetra-O-acetyl-α-D-glucose und N-Tri-
methyl-silyl-N-acetamid glatt herstellen ließ. Die Kondensation mit dem Fructosyl-halogenid 6 verlief recht gut, und
die wesentlich einfachere Aufarbeitung führte in besseren
Ausbeuten zu den gleichen Disacchariden 7 (7.3 %) und 8.
Saccharose-octacetat konnten wir in beiden Fällen nicht
unter den Reaktionsprodukten finden.(Vgl. Abb. 2)

Die Einheitlichkeit und Struktur des neuen Disaccharides 7
ergibt sich aus folgenden Befunden:
Die CH-Analyse und das Molekulargewicht stehen in guter
Übereinstimmung mit der Formel. Verseifung mit Natrium-
methylat/Methanol lieferte das freie Disaccharid 10 als
Sirup mit $[\alpha]_D$ + 118.3° (W.).
Wolfrom und Mitarb. (11) haben nach den Hudson'schen
Regeln die $[M]_D$-Werte der Saccharose und seiner Isomeren
berechnet. Die Werte sind in der folgenden Tabelle
zusammengestellt (Tab. 1). Wie man sieht, wurde für das
Disaccharid mit α.α-Konfiguration ein $[M]_D$-Wert von + 486°
vorausberechnet. Der gefundene Wert liegt mit $[M]_D$= + 405°
größenordnungsmäßig richtig.

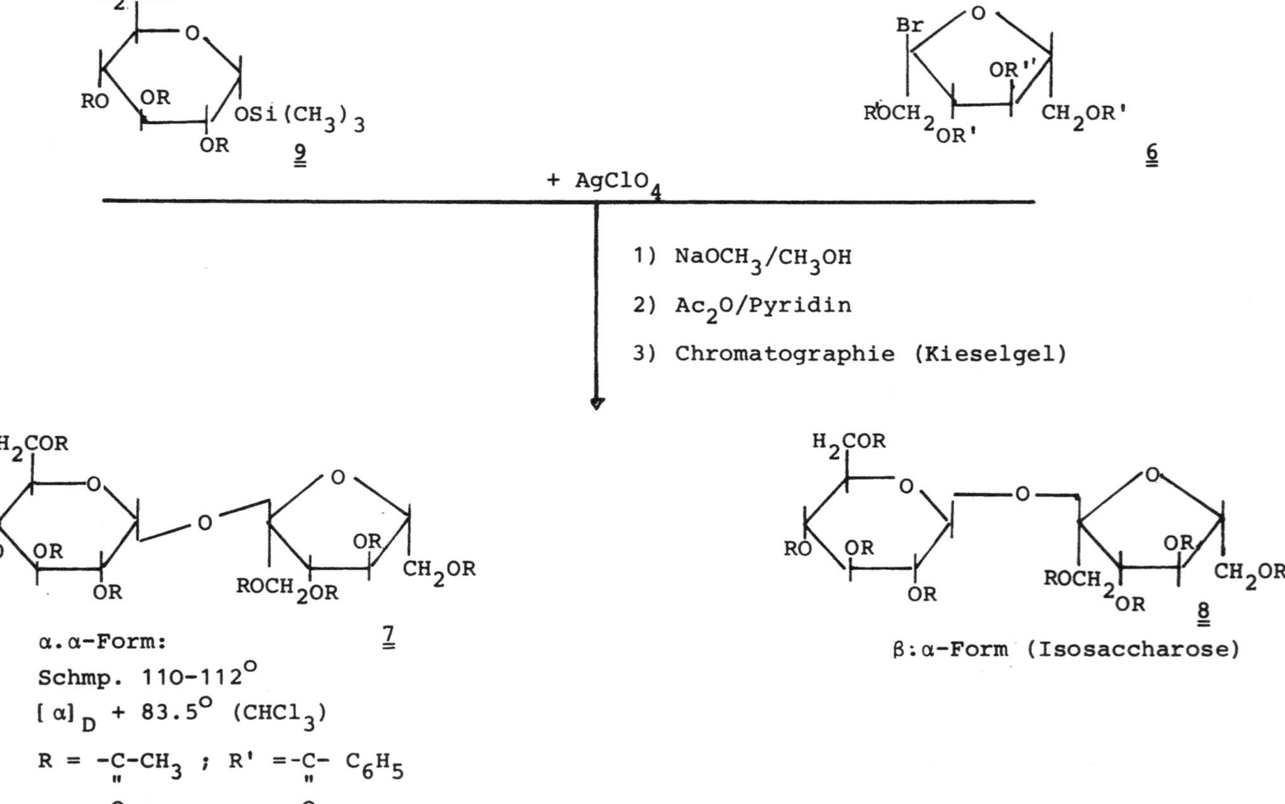

Abb. 2: Synthese der Octa-O-acetyl-α.α-saccharose (7)

D-Glucopyranosyl-D-fructo-furanosid	$[M]_D$ berechnet	gefunden
α.ß -	+ 215°	+ 227°
α.α -	+ 486°	+ 405°
ß.α -	+ 117°	+ 116°
ß.ß -	- 154°	unbekannt

Tab. 1: Molekulare Drehwerte der Saccharose und seiner
Isomeren

Das freie Disaccharid 10 erweist sich im Kohlenhydrat-
Analysator (Technicon Auto-Analyser) als einheitlich. Die
saure Hydrolyse ergibt D-Glucose und D-Fructose im Verhält-
nis 1:1, was ebenfalls durch Analyse mit dem Kohlenhydrat-
Analysator festgestellt wurde. Zur Überprüfung der Ring-
weite der beiden Molekülhälften des Disaccharides wurde
es zu seinem Octa-O-methyl-Derivat umgesetzt, hydrolysiert
und die erhaltenen Monomeren in ihre Trimethylsilyl-
glykoside übergeführt.
Die gaschromatographische Identifizierung ergab, wie er-
wartet, Trimethylsilyl-2.3.4.6-tetra-O-methyl-D-glucosid und
Trimethylsilyl-2.3.4.6-tetra-O-methyl-fructo-furanosid.
Die α-Konfiguration des Fructoseteils ergibt sich
aus dem hohen Drehwert des Disaccharides 10 und aus der
Resistenz gegenüber dem Enzym ß-Fructosidase.

<u>Zum Reaktionsmechanismus</u> (vgl. Abb. 3)

Nach Abspaltung des Halogens liegt sicherlich das ionisierte
Tetra-O-benzoyl-fructo-furanosyl-Perchlorat vor. Bei Weiter-
reaktion mit 1 bzw. 9 könnten beide anomeren Formen gebildet
werden.
Rückseitenangriff durch das Trimethylsilyl-α-D-glucosid
würde zur ß-Konfiguration im Fructoseteil und damit zur
Saccharose führen.
Dieser Weg läuft nicht ab. Die am C-3-stehende Benzoylgruppe
beteiligt sich an der Reaktion unter Ausbildung einer
Acyl-oxonium-Gruppierung. Diese wird von der Rückseite

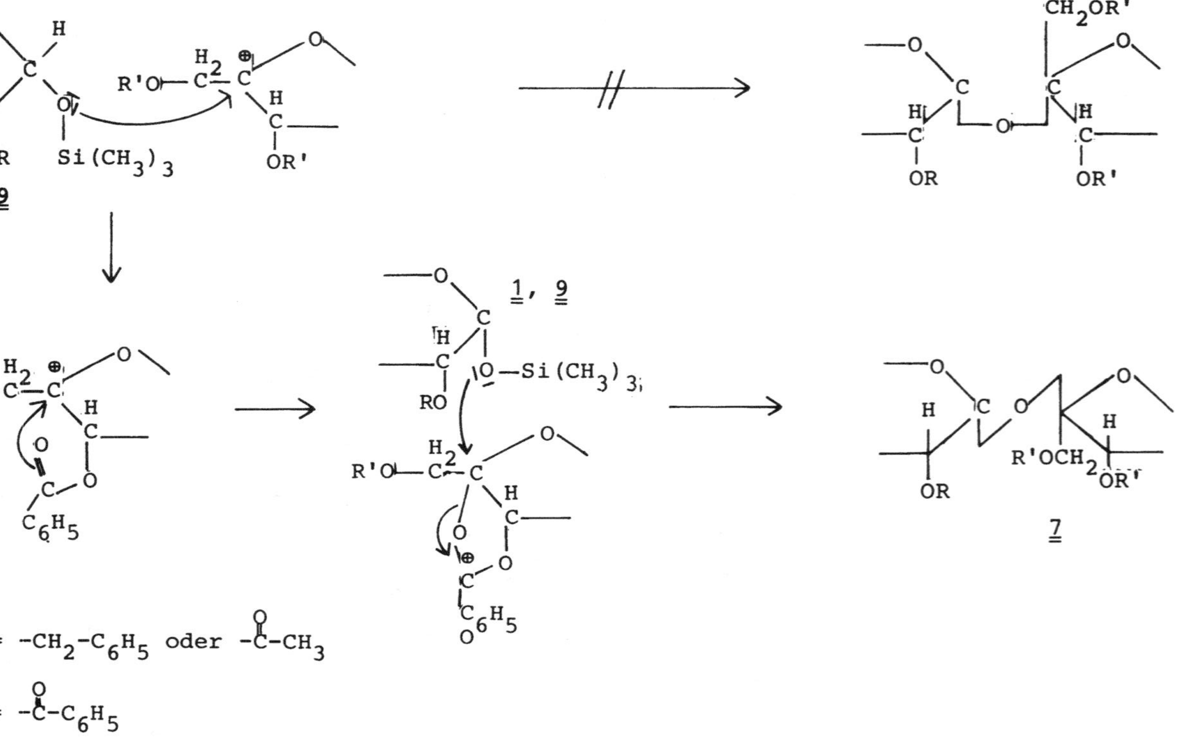

R = $-CH_2-C_6H_5$ oder $-\overset{O}{\overset{\|}{C}}-CH_3$

R' = $-\overset{O}{\overset{\|}{C}}-C_6H_5$

Abb. 3: Zum Reaktionsmechanismus der α,α-Saccharosesynthese

bevorzugt durch das Trimethylsilyl-α-glucosid wieder ge-
öffnet, und es resultiert das Disaccharid mit der gleichen
Konfiguration wie das Ausgangshalogenid, also das $\alpha.\alpha$-Iso-
mere der Saccharose. Eine Saccharosesynthese erscheint
daher aussichtsreicher, wenn im Fructoseteil keine
reaktiven Nachbargruppen vorhanden sind.

II. Synthese der Octa-O-methyl-saccharose (13) und seiner Isomeren (3)

Da uns die Darstellung der 2.3.4.6-Tetra-O-benzyl-fructo-
furanose nicht gelang, fiel unsere Wahl auf methylierte
Ausgangsprodukte. Sie bieten zudem den Vorteil, daß sich
die zu erwartenden methylierten Disaccharide sehr gut gaschromatographisch identifizieren lassen. Von Nachteil ist
die hohe Stabilität der Methyläther mit der Konsequenz,
daß auf diesem Wege ein Zugang zur freien Saccharose von
vornherein ausgeschlossen ist.

Wir untersuchten ausgehend von methylierten Glucose- und
Fructose-Derivaten verschiedene Synthesewege (Abb. 4),
die sich zum Teil an die von uns gefundenen Methoden
(s. Allgemeiner Teil) anlehnen.

Weg A baut auf unsere zweite Methode auf. Für eine Octa-O-
methyl-saccharose-Synthese war aber aufgrund der sehr großen
Hydrolysengeschwindigkeit der Saccharosebindung Perchlor-
säure als Katalysator von vornherein durch ein milderes
Reagenz, das gleichzeitig das bei der Reaktion freiwerdende
Wasser binden sollte, zu ersetzen.
Wir erprobten wasserfreies Zinkchlorid und wasserfreies
Kupfersulfat.
Über die dehydratisierende Kondensation von 2.3.4.6-Tetra-
O-acetyl-glucose mit 1.3.4.6-Tetra-O-acetyl-fructo-furanose
mittels Zinkchlorid ist schon häufiger im Rahmen der
früheren gescheiterten Rohrzuckersynthesen (1) berichtet
worden. Die Mißerfolge dürften im wesentlichen folgende

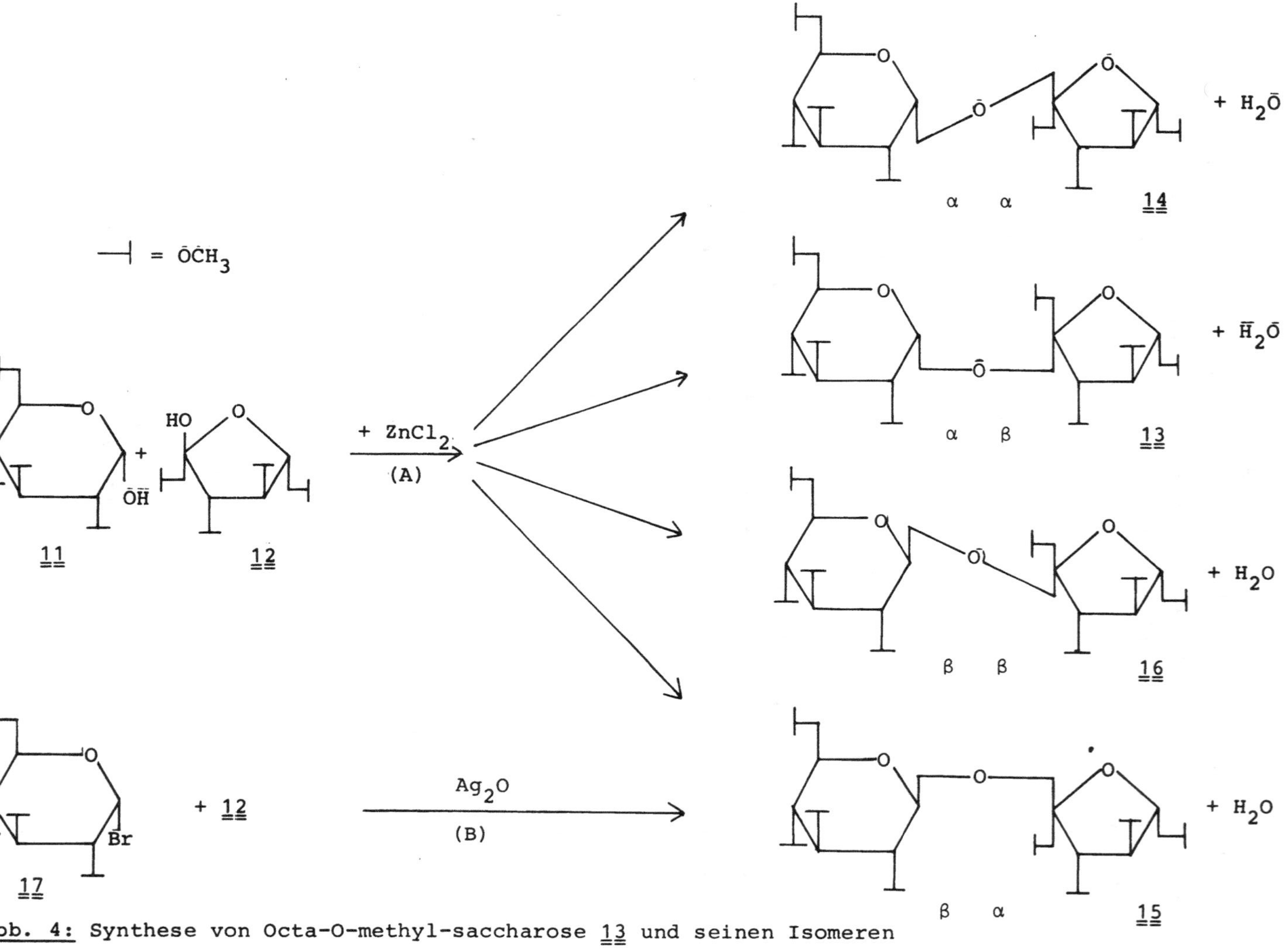

Abb. 4: Synthese von Octa-O-methyl-saccharose 13 und seinen Isomeren

Ursachen gehabt haben:

Es können grundsätzlich 10 isomere Disaccharide auftreten,
nämlich drei Trehalosen, drei Di-fructoside und schließlich
vier Isomere des Saccharose-Typs. Weiterhin ist der bei
acylierten Zuckern ungünstige Nachbargruppeneffekt zu berück-
sichtigen.

Wir untersuchten systematisch die Reaktion von 2.3.4.6-Tetra-
O-methyl-α-D-glucopyranose ($\underline{11}$) mit 1.3.4.6-Tetra-O-methyl-
fructo-furanose ($\underline{12}$) in Gegenwart von wasserfreiem Zinkchlorid. Die gaschromatographischen Analysen der resultierenden Reaktionsgemische zeigten, daß außer dem gesuchten
Octa-O-methyl-Derivat der Saccharose ($\underline{13}$) seine Isomeren,
sowie einige Vertreter der o. g. weiteren zu erwartenden
Disaccharid-Typen gebildet werden.

Die Ausbeute an den verschiedenen Disacchariden hängt sehr
stark von dem Molverhältnis der eingesetzten Ausgangsver-
bindungen $\underline{11}$ und $\underline{12}$ und von den Reaktionsbedingungen ab.

Für Octa-O-methyl-Saccharose ($\underline{13}$) erwiesen sich folgende
Bedingungen als sehr günstig:
Wir setzen $\underline{11}$ und $\underline{12}$ im Molverhältnis 1:4 ein. Durch den
hohen Überschuß an $\underline{12}$ wird die Bildung von Octa-O-methyl-
trehalosen praktisch ganz vermieden. Die Kondensation erfolgt in Gegenwart sehr geringer Mengen von wasserfreiem
Zinkchlorid bei höchstens 45° und ca. 10 Stdn.. Es wird
ein Disaccharid-Gemisch, insgesamt in einer Ausbeute von
45 % bez. auf die eingesetzte Glucose-Komponente, erhalten.
Dieses hat folgende Zusammensetzung, wie durch Gaschromatographie ermittelt wurde, wobei die verschiedenen Peaks
mit Ausnahme des noch unbekannten ß.ß-Isomeren der Saccharose ($\underline{16}$) durch Zumischen von authentischem Material unter
verschiedenen Bedingungen identifiziert wurden (vgl. Abb.
5-9). In Tab. 2 sind die Ausbeuten zusammengestellt.

Peak 1 ist ein Fructo-furanosyl-fructo-furanosid, auf
dessen Existenz wir durch diese Untersuchung erstmals
einen Hinweis erhielten. Im dritten Teil dieses Berichtes
wird über die gezielte Synthese dieses Disaccharides berichtet.

Ausgangsprodukte	Reaktions-bedingungen	Disaccharide	
2.3.4.6-Tetra-O-methyl-α-D-glucopyranose 1.3.4.6-Tetra-O-methyl-D-fructo-furanose (Molverhältnis 1:4)	wasserfreies $ZnCl_2$; 45°; 24 Stdn.	2 %	Octa-O-methyl-D-fructo-furanosyl-D-fructo-furanosid
		8 %	Octa-O-methyl-saccharose (13)
		25-30%	Octa-O-methyl-saccharose α.α-Isomeres (14)
			Octa-O-methyl-saccharose α.ß-Isomeres
		8 %	(13) Octa-O-methyl-saccharose ß.ß-Isomeres

Tab. 2: Zur Synthese der Octa-O-methyl-saccharose und ihrer Isomeren (Ausbeuten)

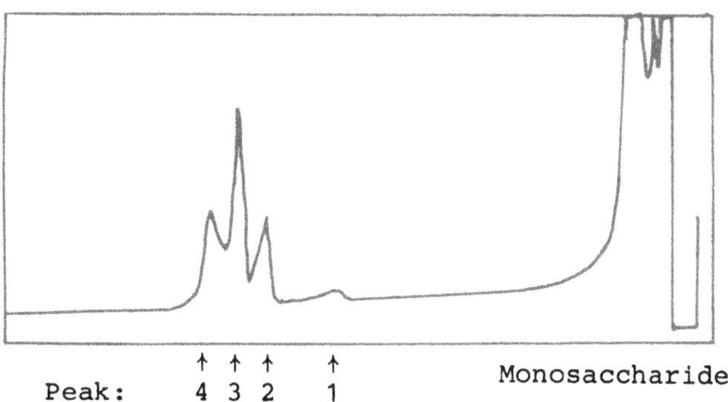

Abb. 5

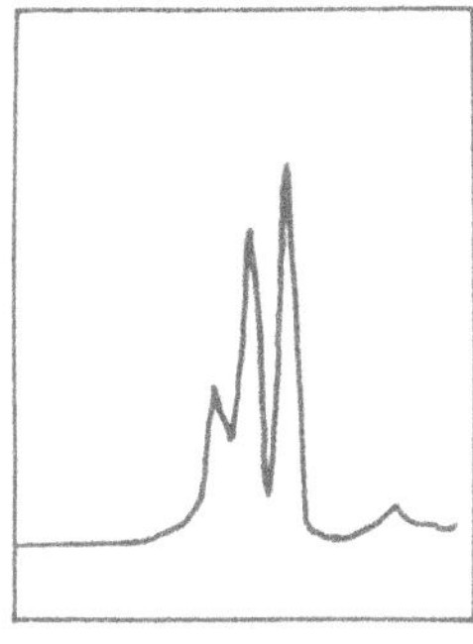

Zumischung von Octa-
O-methyl-saccharose

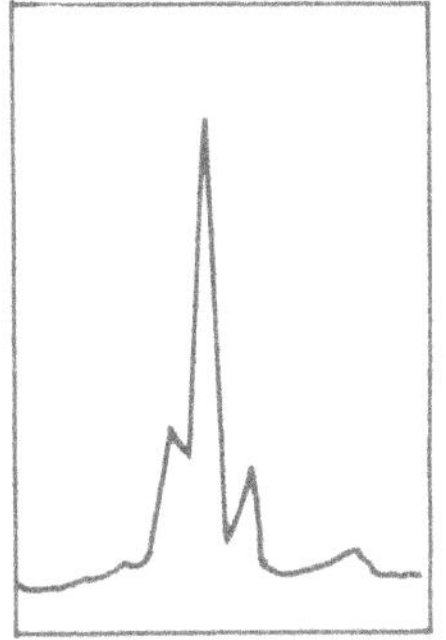

Zumischung von Octa-
O-methyl-α-D-glucopy-
ranosyl-α-D-fructofu-
ranosid l.c.4) mit
einer Spur Verunrei-
nigung

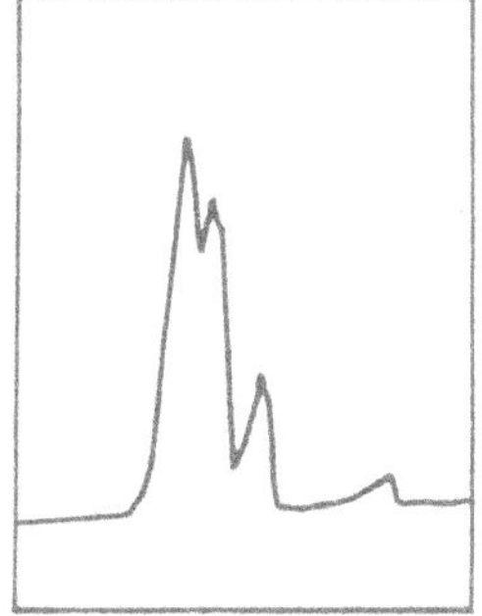

Zumischung von Octa-
O-methyl-isosaccharose

Abb. 6:   Abb. 7:   Abb. 8:

Fraktometer Perkin Elmer F 7. Säule 2 x SE 52, 230° 25 mlHe
1 Min. 9 sec., H.D. 300°, Integrator: D 24

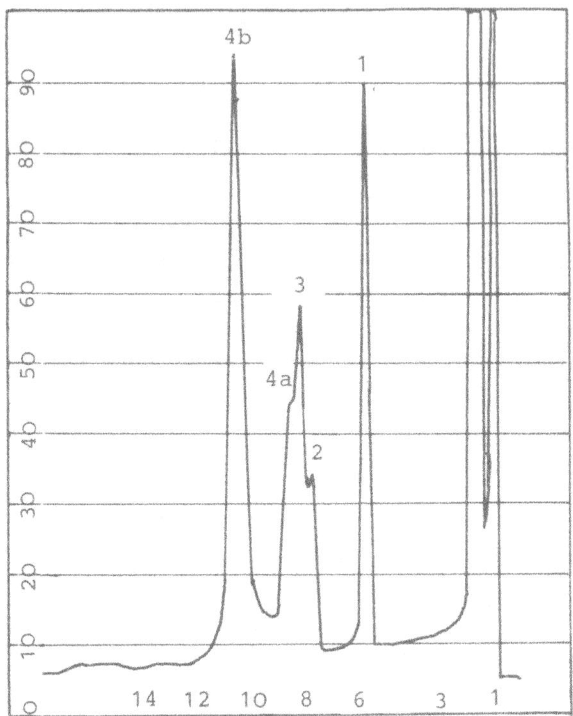

Abb. 9: Säule: SE 30 (2 m), 220°, FID 30 mlN$_2$/Min

Auffällig ist, daß nur eins der drei möglichen Isomeren
dieses Disaccharides gebildet wird. Authentisches Material
erhielten wir durch die analog geführte Kondensation, jedoch nur von 1.3.4.6-Tetra-O-methyl-fructose ausgehend.
Disaccharide des Fructo-furanose-Typs haben kleinere Reten-
tionszeiten als die des Saccharose-Typs, die des Trehalose-
Typs größere.

Peak 2 ist Octa-O-methyl-Saccharose ($\underline{13}$), identifiziert
durch Zumischen einer authentischen Probe (vgl. Abb. 6).

Peak 3 entspricht dem nunmehr bekannten α.α-Isomeren der
Saccharose ($\underline{14}$). In Abb. 7 ist das Chromatogramm der
Mischung zu sehen. Der sehr kleine Peak am linken Ende
des Chromatogramms rührt vom α.α-Trehalose-methyläther her,
der im zugemischten Material noch als Verunreinigung vor-
handen war. In Abb. 8 ist die Identifizierung von Peak 4
demonstriert durch Zumischen von Octa-O-methyl-isosaccharose
($\underline{15}$). Die kleine Schulter zeigt, daß Peak 4 unter diesen
Bedingungen keiner einheitlichen Verbindung zuzuordnen ist.
Mit dem System SE 30 erhielten wir zuverlässigere Informa-
tionen über den Peak 4., Abb. 9, zeigt, wie unter diesen
Bedingungen Peak 4 in einen kleinen Peak 4a und einen
großen 4b aufgespalten wird. Addition von methylierter
Isosaccharose zeigt, daß 4a einer kleinen Menge Isosaccharose
zuzuordnen ist, und so bleibt für Peak 4b nur noch das un-
bekannte ß.ß-Isomere des Saccharose-methyläthers ($\underline{16}$) übrig.

<u>Zum Reaktionsmechanismus der Kondensation</u> (vgl. Abb. 10, Weg A)

Die α.α- und ß.ß-konfigurierten Rohrzuckerisomere sind die
Hauptbestandteile in der Disaccharidfraktion. Da Zinkchlorid anomerisierend wirkt, hat man sowohl bei der
Glucose als auch bei der Fructose mit dem Auftreten beider
Anomeren zu rechnen. Das Zinkchlorid wird allerdings vor-
wiegend mit der im Überschuß vorliegenden Fructosekompo-
nente reagieren, das sie am nucleophilen Ringsauerstoff bzw.
am glykosidischen OH angreift. Durch die Positivierung des
Ringsauerstoffs wird eine Aciditätssteigerung des Wasser-
stoffs der lactolischen Hydroxylgruppe erreicht. Deren

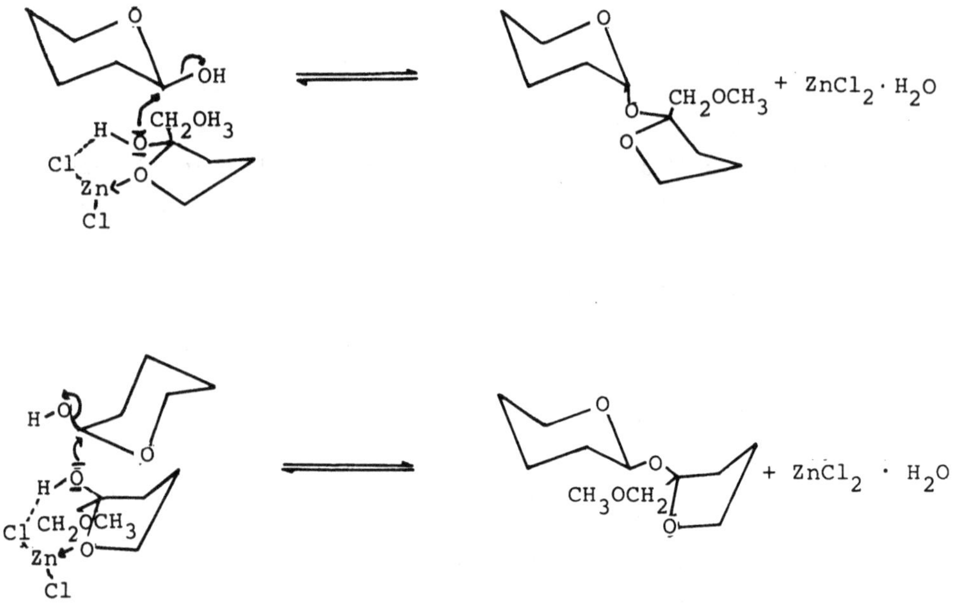

Reaktionsmechanismus zu Weg A

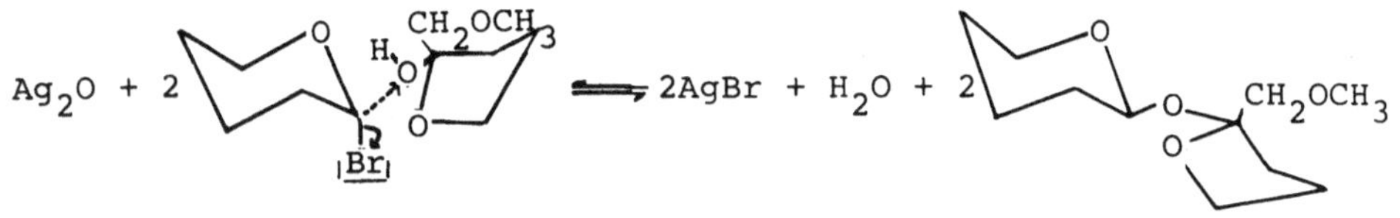

Reaktionsmechanismus zu Weg B

<u>Abb. 10:</u>

20

Sauerstoff könnte durch Rückseitenangriff am glykosidischen
Zentrum der Glucose zum $\alpha.\alpha$- bzw. $\beta.\beta$-verknüpften Disaccharid reagieren.

Die Höhe der Disaccharidausbeute wird durch auftretendes
Reaktionswasser begrenzt. Dies führt zu einer Übersäuerung
der Reaktionsmischung und damit zu einer Lösung der gebil-
deten Disaccharidbindung

$$ZnCl_2 + H_2O \rightleftharpoons [ZnCl_2OH] \; H \rightleftharpoons ZnCl_2OH^{\ominus} + H^{\oplus}.$$

Synthese der Octa-O-methyl-isosaccharose (15)

Die Koenigs-Knorr-Kondensation von 2.3.4.6-Tetra-O-methyl-
α-D-glucosyl-bromid (17) mit 1.3.4.6-Tetra-O-methyl-$\alpha(\beta)$-
D-fructose (12) führt zur Octa-O-methyl-isosaccharose in
ungewöhnlich hohen Ausbeuten (46.8 %).
Es zeigte sich, daß ein Überschuß an Fructose-Komponente
bei der Kondensation ebenfalls günstig ist, da hierdurch
die Bildung von Trehalosen weitgehend unterdrückt wird.
Die Reaktion erfolgt im wasserfreien Toluol in Gegenwart
von Drierite und Silberoxid. Das Trockenmittel bindet frei-
werdendes Reaktionswasser, wodurch eine Hydrolyse des
Halogenzuckers weitgehend zurückgedrängt wird.
Die gaschromatographische Produktbestimmung (Abb. 11) zeigt,
daß Octa-O-methyl-Isosaccharose (15) in sehr hoher Ausbeute
(46.8 % bez. auf 17) vorliegt. Peak 5 entspricht dem Disaccharid 15.

Außerdem werden einige weitere Disaccharide in sehr kleiner
Konzentration gebildet, darunter auch Octa-O-methyl-saccharose in etwa 3 % Ausbeute.

Zum Reaktionsmechanismus:

Das Resultat steht in guter Übereinstimmung mit den bis-
herigen Kenntnissen über den Reaktionsablauf bei der
Koenigs-Knorr-Synthese mit Glykosylhalogeniden ohne reaktive Nachbargruppen. Das Glucosyl-bromid 17 reagiert nach
dem SN-Mechanismus überwiegend unter Platzwechsel, also
unter Bildung einer ß-glucosidischen Bindung zum α-konfigu-
rierten Fructosepartner. Saccharose entsteht, wie zu erwarten, nur in sehr geringer Ausbeute.(Vgl. Abb. 10, Weg B)

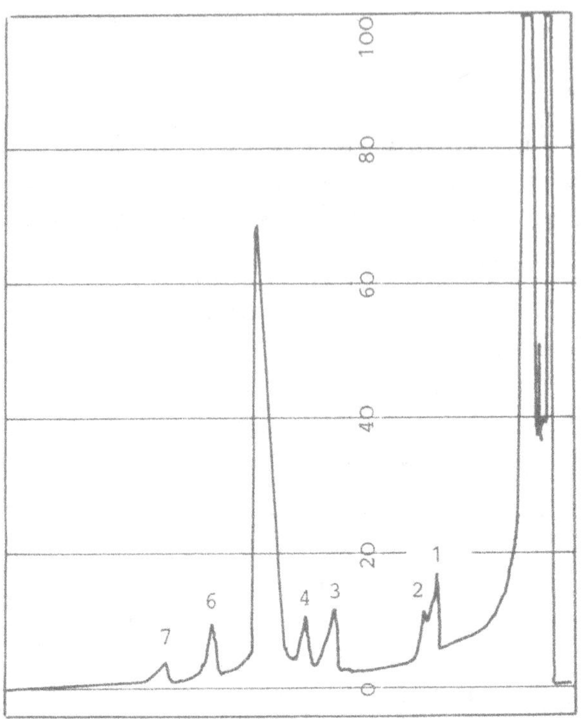

Abb. 11: Säule: SE 52 (4 m), 230°, 25 mlHe/l Min 8 sec., HD 350°

Disaccharide des Fructo-furanosyl-fructo-furanosid-
Typ waren bisher unbekannt, obwohl sie als Nebenprodukte
bei den vielen versuchten Saccharose-Synthesen im
Prinzip auftreten könnten. Hingegen wurden Trehalosen
häufiger als unerwünschte Nebenprodukte oder gar als
Hauptprodukte isoliert.

Wie im zweiten Teil dieses Berichtes beschrieben ist, erhielten wir im Rahmen der Synthese der Octa-O-methyl-
saccharose (vgl. S. 15) einen ersten Hinweis auf die
Bildung von Fructosyl-fructosiden bei der gaschromatographischen Untersuchung der Reaktionsgemische. Die
Zuordnung erfolgte durch Modellversuche, wobei wir
1.3.4.6-Tetra-O-methyl-fructo-furanose einer Eigenkon-
densation mittels wasserfreiem Zinkchlorid unterwarfen.
Die Peakintegration ergab jedoch, daß mit Zinkchlorid
nur eine verschwindend kleine Menge dieses neuen Disaccharides gebildet wird.

Die geringe Ausbeute ließ vermuten, daß die Bildung der
Difructoside durch die sauren Eigenschaften des Zink-
chlorids hintangestellt wird, denn diese dürften ver-
glichen mit Saccharose noch leichter spaltbar sein.

In Übereinstimmung mit diesen Überlegungen steht, daß
die oben beschriebene Kondensation von 1.3.4.6-Tetra-O-
methyl-fructofuranose mit wasserfreiem Kupfersulfat
anstelle von Zinkchlorid in etwas besserer Ausbeute verläuft, wie wiederum gaschromatographisch bestimmt wurde.
Versuche zur Isolierung der Octa-O-methyl-fructo-fura-
nosyl-fructoside verliefen aus den bei der Saccharosesynthese genannten Gründen erfolglos.

Wir untersuchten deshalb den Zugang zu isolierbaren
Fructo-furanosyl-fructo-furanosid-Derivaten ausgehend
von gut kristallisierenden benzoylierten und auch
benzylierten Fructose-Derivaten.

Auf drei verschiedenen Wegen hatten wir Erfolg. Überraschend erhielten wir dabei stets als einziges der drei möglichen Isomeren das Disaccharid mit α.ß-Konfiguration. In der folgenden Übersicht (Abb. 12) sind die drei Synthesen zusammengestellt.

<u>Zu Weg A</u>: Am einfachsten ist das Disaccharid 19 auf dem Weg A zu erhalten. Ausgangsprodukt ist 1.3.4.6-Tetra-O-benzoyl-D-fructo-furanose (18), die in einem Schritt direkt aus D-Fructose zugänglich ist. Beim Erhitzen in Gegenwart von wasserfreiem Kupfersulfat bei 120 - 130° C i. Vak. findet Reaktion zum Disaccharid 19 statt. Wichtig ist die genaue Einhaltung des Vakuums von O.2 Torr, um Benzoesäure, die durch nicht vermeidbare Zersetzung entsteht, sofort zu entfernen. Hierdurch wird die Rückreaktion weitgehend zurückgedrängt. Beim Aufnehmen der Schmelze mit Chloroform wurde zudem noch etwas Natriumhydrogencarbonatlösung zugesetzt, um letzte Spuren noch vorhandener Benzoesäure zu neutralisieren.

Durch Nachbenzoylierung des Reaktionsgemisches wurde sichergestellt, daß alle wichtigen Reaktionsprodukte einheitlich acyliert vorlagen. Das Octa-O-benzoyl-α-D-fructo-furanosyl-ß-D-fructo-furanosid (19) wurde durch Kieselgelchromatographie isoliert und aus Äther-Petroläther in reiner kristallisierter Form erhalten.(14)

<u>Zu Weg B</u>: Der Weg zeigt, daß dieser neue Disaccharid-Typ auch durch die konventionelle Koenigs-Knorr-Synthese ausgehend von Tetra-O-benzoyl-α-D-fructo-furanosyl-bromid (20) und der bei der Methode A eingesetzten Tetra-O-benzoyl-fructose 18 zugänglich ist, wenn peinlich säurefrei gearbeitet wird. Wichtig ist, daß die Lösung von 20 unter kräftigem Rühren sehr langsam in die Suspension aus 18 und Silberoxid eingetropft wird. So wird lokale Bromwasserstoffbildung vermieden. Nach der üblichen Aufarbeitung wurde durch Säulenchromatographie das noch verunreinigte Disaccharid 19 in einer

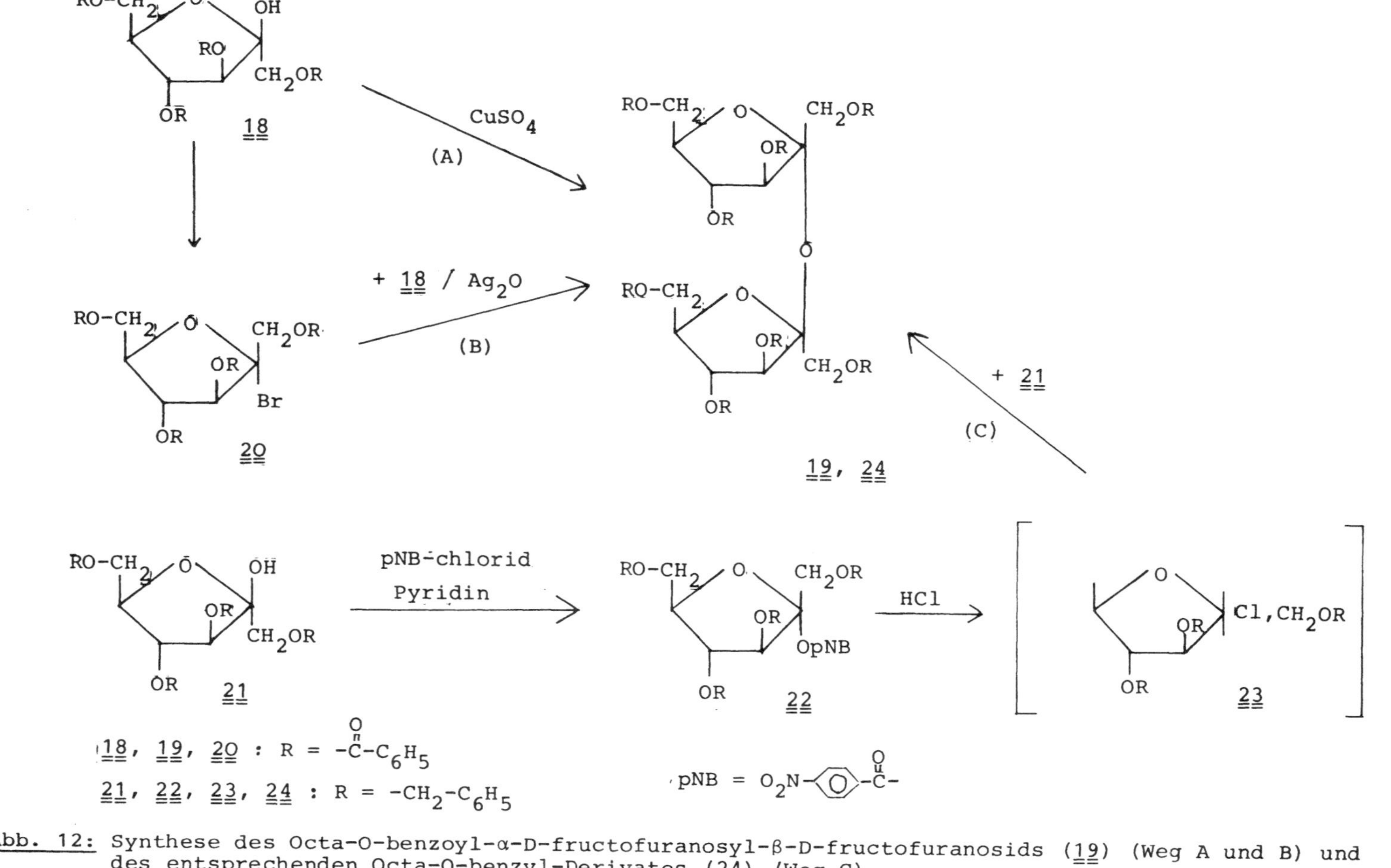

<u>Abb. 12:</u> Synthese des Octa-O-benzoyl-α-D-fructofuranosyl-β-D-fructofuranosids (19) (Weg A und B) und des entsprechenden Octa-O-benzyl-Derivates (24) (Weg C)

25

Ausbeute von 9.4 % erhalten. Verlustreiches Um-
kristallisieren liefert 19 in reiner Form, welches
in allen Daten identisch mit dem nach der Methode
A gewonnenen 19 ist.
Alle weiteren Reaktionsprodukte sind, wie auch bei
der Synthese nach Methode A, monomere Verbindungen.

Zu Weg C: Mit dem Weg C wird ein Zugang zu diesem
Disaccharid-Typ ausgehend von Fructose-Derivaten
ohne reaktive Nachbargruppen vorgestellt.
Wie Abb. 12 zeigt, setzten wir die inzwischen syn-
thetisierte 1.3.4.6-Tetra-O-benzyl-ß-D-fructo-fura-
nose 21 (13) ein. Sie wurde über das kristalline α-p-
Nitrobenzoat 22 durch Chlorwasserstoff bei tiefen
Temperaturen in das instabile Halogenid 23 überführt,
das, ohne isoliert zu werden, unmittelbar mit der
Hydroxyl-Komponente 21 umgesetzt wurde. Ein ständiger
Stickstoffstrom sorgte dafür, daß der bei der Reaktion freiwerdende Chlorwasserstoff sofort abgeblasen
wurde. Diese von uns entwickelte modifizierte Koenigs-
Knorr-Synthese lieferte das Octa-O-benzyl-Disaccha-
rid 24, ebenfalls mit α.ß-Konfiguration, in einer
Ausbeute von über 20 %. Weitere Isomere treten überraschend auch bei dieser Synthese nicht auf, wie
durch die gaschromatographische Analyse bewiesen wurde.

Strukturaufklärung von 19 bzw. 24

Im i.r.-Spektrum ist keine OH-Bande mehr vorhanden.
Ansonsten stimmt das Spektrum von 19 mit dem des
Ausgangszuckers 18 überein. Das Molekulargewicht entspricht ebenso wie die CH-Werte der Summenformel.
Sowohl der Drehwert von 19 $[\alpha]_D = + 7.5^o$ als auch von
24 $[\alpha]_D = + 13.0^o$ (beide in Chloroform) sind nur
mit der α.ß-Konfiguration dieses Disaccharid-Typs
vereinbar. Dies zeigt eine Berechnung der $[M]_D$-Werte

für das Disaccharid $\underline{24}$ nach den Hudson'schen Regeln:

	berechnet $[M]_D$	gefunden
Octa-O-benzyl-fructo-syl-fructoside		
α.α	+ 246°	unbekannt
ß.ß	+ 2°	unbekannt
α.ß	+ 124°	+ 149°
Bezugssubstanzen: Methyl-1.3.4.6-tetra-O-benzyl-fructo-furanoside		
α		+ 123°
ß		+ 1°

<u>D. Beschreibung der Versuche</u>

<u>I. Synthese der α.α-Saccharose (α-D-Glucopyranosyl-α-D-
   fructo-furanosid) (9)</u>

<u>Octa-O-acetyl-α.α-saccharose (7)</u>

Methode A: (Kondensation von 1.3.4.6-Tetra-O-benzoyl-α-D-
fructo-furanosyl-bromid (6) mit Trimethyl-silyl-2.3.4.6-
tetra-O-acetyl-α-D-glucosid (9)).

In einem braunen Kolben wird die durch Bromierung von 6 g
1.3.4.6-Tetra-benzoyl-fructo-furanose erhaltene Lösung von
6 in Toluol mit weiteren 50 ml abs. Toluol versetzt.
In dieser Lösung werden 3 g 9 gelöst und 5 - 10 g Drierite
aufgeschlämmt. Das Reaktionsgefäß wird mit Eiswasser ge-
kühlt. Unter Rühren und strengem Feuchtigkeitsausschluß läßt
man die Lösung von 1,5 g Silberperchlorat in 25 ml abs.
Toluol im Laufe von 1 Std. langsam zutropfen; danach wird
das Gemisch 1/2 Std. lang weitergerührt.
Nach dieser Zeit wird die Reaktionsmischung mit 50 - 100 ml
gesättigter Natriumhydrogencarbonatlösung versetzt und 5 Min.
lang kräftig durchgerührt. Es wird abgesaugt, die Salze mit
Chloroform ausgewaschen und die Chloroformlösung zunächst
getrennt aufbewahrt. Die Toluollösung, die die Reaktionsprodukte enthält, wird im Scheidetrichter von der wässrigen
Phase getrennt. Dann werden die beiden organischen Lösungen
vereinigt, gemeinsam mit Natriumsulfat getrocknet und
i. Vak. bei 25° C eingedampft. Dabei werden etwa 7 g brauner Sirup erhalten.

Methode B: (Kondensation von 6 mit Trimethyl-silyl-2.3.4.6-
tetra-O-benzyl-α-D-glucosid (1)).

Die Kondensation wird wie vor, jedoch mit Trimethyl-silyl-
2.3.4.6-tetra-O-benzyl-α-D-glucosid (1) an Stelle des be-
treffenden Acetyl-glucosids (9) durchgeführt.

Abtrennung der Schutzgruppen

a) Benzylreste: Der nach der Kondensation nach Methode B
erhaltene Sirup wird in 600 ml p.a.Methanol unter Zusatz
von 5 - 10 ml dest. p.a.Dioxan gelöst. Man gibt zu der Lösung einen Katalysator, den man sich durch Reduktion von
0.1 g Palladiumchlorid unter Zugabe von 5 g Aktivkohle unmittelbar vorher hergestellt hat. Dieser Katalysator muß
sehr gut säurefrei gewaschen sein. Es wird nun unter gerin-
gem Überdruck hydriert. Wenn die Hydrierung beendet ist,
filtriert man den Katalysator ab und verdampft das Lösungsmittel i. Vak. bei 30° C. Der Rückstand wird im Exsikkator
über Phosphorpentoxid getrocknet und liefert 5 g weiße
amorphe Substanz.

b) Benzoyl- und Acetylreste: Der Sirup, der nach Methode A
erhalten wird, wird in 100 ml abs. Methanol gelöst. 10 ml 1-
m-Natriummethylatlösung werden zugesetzt und das Gemisch
über Nacht bei Raumtemp. stehen gelassen. Danach wird die
Lösung mit einigen Trockeneisstückchen neutralisiert. Sie
darf dabei nicht sauer werden. Das Methanol wird dann
i. Vak. verdampft. Dabei wird ein brauner Sirup erhalten,
der an der Kolbenwand haftet; daneben liegt Benzoesäure-
methylester als farblose Flüssigkeit vor. Sie wird mit Petroläther verdünnt und vom Rückstand dekantiert. Nach dem
Trocknen i. Vak. über Phosphorpentoxid, Natriumhydroxid
und Paraffinschnitzeln erhält man 4 g feste braune Substanz.

Nachacetylierung der freien Zucker

Bei beiden Kondensationsansätzen wird das Gemisch der nach
der Verseifung erhaltenen freien Zucker bei 0° C in einer
Mischung von 25 ml Essigsäureanhydrid und 50 ml abs. Pyridin aufgenommen und zunächst 1 Std. lang im Kühlschrank
aufbewahrt; anschließend läßt man es über Nacht bei Raumtemp. stehen. Danach gießt man es unter dauerndem heftigen
Rühren in ein Becherglas, in dem sich etwa 100 ml Chloroform, 1/2 l gesättigte Natriumbicarbonatlösung und viel
Eis befinden. Man prüft öfter den P_H-Wert der Lösung und
hält ihn durch gelegentliche Zugabe von Natriumhydrogen-

carbonatlösung dauernd über 7.
Nach etwa 10 Stdn. beendet man das Rühren, trennt die
Phasen im Scheidetrichter, wäscht die wässrige Lösung
3 mal mit Chloroform und die vereinigte Chloroformlösung 3 mal mit Wasser. Die Chloroformlösung wird mit
Natriumsulfat getrocknet und i. Vak. eingedampft. Man
erhält so etwa 6 g braunen Sirup.

Chromatographische Trennung des Acetatgemisches

Lautmittelgemisch: Cyclohexan/Diisopropyläther/Pyridin
4:4:2.

a) Reinigung der Lösungsmittel

Cyclohexan: Man läßt 2 l käufliches Cyclohexan durch eine
Säule von ca. 4 cm Durchmesser und 60 cm Länge laufen, die
in der unteren Hälfte mit aktiviertem Aluminiumoxid und
in der oberen Hälfte mit Kieselgel gefüllt ist. Das ablaufende
fende Cyclohexan ist hinreichend sauber für die Chromatographie; man verwahrt es zweckmäßigerweise über Natrium.

Diisopropyläther: Man läßt 2 l Diisopropyläther durch eine
Säule von ca. 4 cm Durchmesser und 60 cm Länge laufen, die
mit aktiviertem Aluminiumoxid gefüllt ist. Das ablaufende
Lösungsmittel ist von Peroxid und Wasser befreit. Man löst
Hydrochinon zu 0.0001 % darin auf, um die Neubildung von
Peroxid zu vermeiden. Dieser Schutz hält mehrere Monate
lang vor.

Pyridin: Pyridin wird von Wasser befreit, indem man es über
Nacht mit Bariumoxid erhitzt (80 g/l) und dann sorgfältig
abdestilliert. Damit ist es für chromatographische Zwecke
sauber.

b) Vorbereitung der Chromatographiersäule

In einer Säule 100 x 3 cm Durchmesser wird Kieselgel
(Merck 0.08 mm) als Suspension im Laufmittelgemisch wie
üblich eingeschlämmt.

c) Aufbringen der Probe

Man löst das zu trennende Gemisch in 2 ml Laufmittelgemisch
(zur Erhöhung der Löslichkeit kann der Pyridinanteil etwas
angehoben werden). Die Lösung wird auf die Säule aufge-
geben. Dann füllt man 5 - 10 ml Laufmittel nach, läßt es
einsinken und setzt den Tropftrichter mit dem Lösungs-
mittelvorrat auf.

d) Isolierung der Substanzen

Man prüft die einzelnen Fraktionen im Dünnschichtchroma-
togramm, mit einheitlichen Fraktionen zusammen und dampft
sie i. Vak. ein. Die letzten Reste von Pyridin werden
durch azeotrope Destillation entfernt, indem man die
Proben mehrfach mit Alkohol versetzt und i. Vak. zur
Trockne abdampft.

Es werden isoliert:

1. Octa-O-acetyl-α-D-glucopyranosyl-α-D-fructo-furanosid (7):
   Ausb. 6.5 % d. Th.; $[\alpha]_D^{20}$: + 83.5° (c = 1; $CHCl_3$);
   Schmp. 110 - 112°

2. Octa-O-acetyl-ß-D-glucopyranosyl-α-D-fructo-furanosid (8):
   Ausb. 7.2 % d. Th.; $[\alpha]_D^{20}$: + 19.7° (c = 0.9; $CHCl_3$);
   Schmp 131 - 132°; Lit. (12): $[\alpha]_D$: + 19.2°($CHCl_3$);
   Schmp. ebenso

II. <u>Synthese der Octa-O-methyl-saccharose (13) und seiner</u>
<u>Isomeren (3)</u>

<u>Tetra-O-methyl-α-O-glucosyl-bromid (17)</u>

In 150 ml wasserfreiem Methylenchlorid löst man 12 g trocke-
nen Bromwasserstoff. Von dieser Lösung gibt man 2 ml zu
einer Lösung von 1 g Tetra-O-methyl-glucose in 30 ml
trockenem Methylenchlorid. Anschließend werden noch 2 g
Drierite in den Kolben gegeben. Darauf wird die Reaktionsmischung 2 Stdn. bei - 10° C aufbewahrt. Die abfiltrierte
Methylenchloridphase behandelt man mit einer kalten wässrigen Natriumhydrogencarbonatlösung, trennt die organische

Phase ab und dampft die zuvor mit Na_2SO_4 getrocknete Reaktionslösung bei 20° C Wasserbadtemp. i. Vak. zum Sirup ein.

Ausb. 0.9 g $\underline{17}$ (71.5 % d. Th.)

$[\alpha]_D^{20}$: + 251° (c = 1; $CHCl_3$)

Ber. Br 26.72 Gef. Br 26.54

<u>Octa-O-methyl-saccharose ($\underline{13}$)</u>

In einem Rohr (Länge 5 cm, Innendurchmesser 3 mm) werden ca. 50 mg 2.3.4.6-Tetra-O-methyl-α-D-glucose ($\underline{11}$) in 250 mg 1.3.4.6-Tetra-O-methyl-α-ß-D-fructose ($\underline{12}$) bei Zimmertemp. gelöst. In das Reaktionsgefäß gibt man anschließend 40 mg wasserfreies, feingepulvertes $ZnCl_2$. Das abgeschmolzene Rohr wird 24 Stdn. bei einer Temp. von 40 – 45° C gehalten. Nach Beendigung der Reaktionszeit behandelt man den Inhalt bei 0° C mit einer wässrigen $NaHCO_3$-$CHCl_3$-Emulsion. Die organische Phase wird abgetrennt, mit Na_2SO_4 getrocknet und i. Vak. bei 40° C Wasserbadtemp. zum Sirup eingeengt. Das Gemisch wird gaschromatographisch identifiziert (vgl. S.17/18 und Tab. 2).

<u>Octa-O-methyl-D-fructofuranosyl-D-fructo-furanoside</u>

100 mg 1.3.4.6-Tetra-O-methyl-α-(ß)-D-fructose ($\underline{12}$) werden wie vor beschrieben mit 60 mg wasserfreiem Zinkchlorid zur Reaktion gebracht. Weitere Versuche mit unterschiedlichen Mengen an Zucker und Kondensationsmittel sind der folgenden Tabelle zu entnehmen.

	Monosaccharid	$ZnCl_2$	Dauer	Temp.	Disaccharid
1	100 mg	59.4 mg	24 h	50°	3 mg = 1.55% d.Th.
2	110 mg	60.3 mg	48 h	45°	1.54 mg = 0.76% d.Th.
3	87.5 mg	40.8 mg	24 h	52°	3.5 mg = 2.06% d.Th.
4	110.2 mg	99.7 mg	10 h	50°	2.2 mg = 1.09% d.Th.
5	94 mg	22.65 mg	24 h	51°	4.24 mg = 2.36% d.Th.

Die quantitative Auswertung der Gaschromatogramme erfolgt mit einem Integrator Typ D 24.

<u>Octa-O-methyl-isosaccharose(15)</u>

(Kondensation von 2.3.4.6-Tetra-O-methyl-α-D-glucosyl-
bromid (17) mit 1.3.4.6-Tetra-O-methyl-α-(ß)-D-fructose (12))

Zu 5 ml abs. Toluol werden 0.160 g 12, 0.5 g Drierite und
0.200 g Ag_2O gegeben. Danach tropft man unter magnetischem
Rühren eine Lösung von 0.0461 g 17 in 4 mg abs. Toluol zu.
Die Reaktionszeit beträgt 1 Std. Man filtriert von Drierite
und den Silbersalzen ab, schüttelt die Toluollösung mit
einer Suspension von Natriumhydrogencarbonat in Chloroform und trennt die organische Phase ab. Sie wird mit Natriumsulfat getrocknet und bei 40° C Badtemp. i. Vak. zum
Sirup eingeengt.
Ausb. 0.195 g
Die Disaccharidausbeuten werden durch Gaschromatographie
bestimmt (vgl. S.21)

Peak 4 2.38 mg = 3.38 % d.Th. Octa-O-methyl-saccharose
Peak 5 33.0 mg = 46.8 % d.Th. Octa-O-methyl-isosaccharose
Peak 6 2.74 mg = 3.89 % d.Th. Octa-O-methyl-ß.ß-trehalose
Peak 7 2.28 mg = 3.24 % d.Th. Octa-O-methyl-α.ß-trehalose

Die Auswertung erfolgt mit dem Integrator Typ D 24.

<u>III. Synthese eines Fructo-furanosyl-fructo-furanosids(19,24)</u>

<u>Octa-O-benzoyl-α-D-fructofuranosyl-ß-D-fructofuranosid (19)</u>

Methode A: (Aus 1.3.4.6-Tetra-O-benzoyl-D-fructose (18))

4 g 18 werden mit wasserfreiem $CuSO_4$ fein gepulvert, ge-
mischt und nochmals i. Vak. bei 50° getrocknet. Zur Kondensation wird das Gemisch bei 0.2 Torr 20 Min. auf 120 -
130° C erhitzt, wobei etwa 500 mg Benzoesäure abdestillie-
ren. Der Rückstand (ca. 3 g rotbrauner Sirup) wird in
Chloroform aufgenommen und mit wässriger $NaHCO_3$-Lösung
ausgeschüttelt. Nach dem Trocknen der Chloroformlösung und
Abdampfen des Lösungsmittels wird der Rückstand mit Ben-
zoylchlorid und Pyridin wie üblich nachacyliert.

Es werden 3 g Sirup erhalten, die an Kieselgel wie auf S. 30
beschrieben mit Cyclohexan/Diisopropyläther/Pyridin (2:2:1)
chromatographiert werden.
Fraktion III 180.2 mg 19 (6.0 % d.Th.)
Zur Reinigung wird in wenig Äther aufgenommen und durch
vorsichtige Zugabe von Petroläther 9 in reiner krist.
Form erhalten. Schmp. 121 - 124° C;
$[\alpha]_D$: + 7.2° (c = 0.8; $CHCl_3$).

Methode B: (Reaktion von 1.3.4.6-Tetra-O-benzoyl-D-fructo-
furanose (18) mit 1.3.4.6-Tetra-O-benzoyl-α-D-fructo-furano-
syl-bromid (20))

2.5 g (4.15 mMol) 18, 5 g Drierite, 1.5 g Silberoxid und
30 ml abs. Toluol werden in einem 100 ml-Kolben (braun)
mit Tropftrichter 60 Min. magnetisch gerührt, um Spuren
von Wasser zu entfernen. Dann wird die frisch bereitete
Lösung von 20 (aus 3 g 18 dargestellt) in 25 ml abs.
Toluol in den Tropftrichter gefüllt und unter kräftigem
Rühren in 15 Min. zugetropft. Nach Beendigung wird noch
1 Std. lang weitergerührt. Man filtriert von Drierite und
den Silbersalzen ab, schüttelt die Lösung mehrmals mit
kalter $NaHCO_3$-Lösung unter Zusatz von etwas Chloroform aus
und wäscht einige Male mit Wasser nach. Die organische
Phase wird mit Na_2SO_4 getrocknet und unter Feuchtigkeitsausschluß eingeengt.
Ausb. 4.5 g fast farbloser Sirup.

Säulenchromatographische Trennung:

In einer Vortrennung mit Benzol/Methanol (25:1) wird das
unveränderte Ausgangsprodukt 18 von den schneller wandern-
den Anteilen getrennt. Diese Anteile werden dann wie bei
Methode A beschrieben nochmals chromatographiert. Es
werden drei Fraktionen erhalten:

Fraktion II: Reagenzgläser 40 - 51,
            Ausb. 93.5 mg 19 (9.4 % d. Th.)

Reinigung und Kristallisation von $\underline{19}$ erfolgt wie bei
Methode A.

Schmp. 121 - 123°; Misch-Schmp. mit $\underline{19}$ aus A 120 - 123°

$[\alpha]_D$: + 7.7° (c = 0.43; CHCl$_3$);

Molekulargewicht Gef. 1.148 $\pm$ 110

$$C_{68}H_{54}O_{19} \ (1.174.4) \quad \text{Ber. C 69.42 \% \quad H 4.61 \%}$$
$$\text{Gef. C 68.90 \% \quad H 4.57 \%}$$

Octa-O-benzyl-α-D-fructo-furanosyl-ß-D-fructo-furanosid ($\underline{24}$)

250 mg (0.365 mMol) $\underline{22}$ (13) werden in 15 ml abs. CH$_2$Cl$_2$
über 2 g Molekularsieb Typ AW 500 gelöst. In einer ge-
schlossenen Apparatur wird 1/2 Std. bei Raumtemp. ein
trockener N$_2$-Strom durchgeleitet, anschließend 1 Min.
Chlorwasserstoff und dann erneut 1/2 Std. N$_2$ zur Vertrei-
bung von überschüssigem Chlorwasserstoff. Es wird mit der
äquimolaren Menge $\underline{21}$ versetzt und kurz aufgekocht, wobei
weiter N$_2$ durchgeleitet wird. Die Aufarbeitung des Reaktionsgemisches erfolgt auf dem üblichen Weg durch Waschen
der CH$_2$Cl$_2$-Lösung mit gesättigter NaHCO$_3$-Lösung und Wasser
und anschließend Trocknen der Lösung mit Na$_2$SO$_4$. Nach Ein-
engen der Lösung wird das Disaccharid $\underline{24}$ durch Säulenchro-
matographie an Kieselgel mit Benzol/Äther 4:1 isoliert.
Die Ausbeuten liegen meist zwischen 15 und 22 % (bez. auf
$\underline{22}$). $[\alpha]_D^{22}$: + 13.0° (c = 1.69; CHCl$_3$);

Identifizierung von $\underline{24}$

1. 1/2 Std. Rückflußkochen im Dioxan H$_2$O (2:1, 0.7 n an
H$_2$SO$_4$) lieferte $\underline{21}$ zurück (DC Benzol/Äther 11:1).

2. Nach katal. Hydrierung von $\underline{24}$ mit Pt/C in Dioxan/H$_2$O
und anschließender Trimethylsilylierung wird das Octa-
O-trimethylsilyl-derivat erhalten. Gaschromatographische
Untersuchungen lieferten folgende Ergebnisse:
a) OV 17 2 m Stahlsäule 35.5 ml N$_2$/min 225° C isotherm
   R$_T$-Wert 1.87 (Octa-O-trimethylsilylsaccharose 1.00)
b) SE 52 2 m Stahlsäule 35.5 ml N$_2$/min 250° C isotherm
   R$_T$-Wert 0.70 (Octa-O-trimethylsilylsaccharose 1.00)

10.5 g D-Fructose werden in 250 ml abs. Methanol + 0.9 ml
konz. Schwefelsäure 48 Stdn. bei Raumtemp. gerührt. Nach
der Neutralisation mit Amberlite IR-45-OO_3^{2-} und üblicher
Aufarbeitung wird das Reaktionsgemisch an DOWEX - 1X2 OH^- mit
H_2O aufgetrennt.
Es werden erhalten
32.6 % Methyl-ß-D-fructopyranosid,
24.5 % Methyl-ß-D-fructofuranosid,
24.3 % Methyl-α-D-fructofuranosid.
Die physikalischen Daten entsprechen den Literaturwerten.
Je 400 mg der anomeren Fructofuranoside werden mit 10 ml
Benzylchlorid und 2 g KOH Pulver bei 120° C 5.5 Stdn.
benzyliert. Ausb. jeweils etwa 900 mg Rohsirup nach üblicher Aufarbeitung.
Die erhaltenen Benzyläther werden 2 mal durch präp. Dickschicht gereinigt (Benzol/Äther 4:1 und Petroläther/Äther
1:1). $\underline{\underline{24}}$ wird ebenfalls durch präp. Dickschicht nachge-
reinigt. Es ergeben sich folgende Drehwerte:

Methyl-1.3.4.6-tetra-O-benzyl-α-D-fructofuranosid
$[\alpha]_D^{22}$: + 22.2 (c = 0.95; $CHCl_3$)

Methyl-1.3.4.6-tetra-O-benzyl-ß-D-fructofuranosid
$[\alpha]_D^{22}$: + 0.2 (c = 1.05; $CHCl_3$)

$\underline{\underline{24}}$ $[\alpha]_D^{22}$: + 13.7 (c = 1.69; $CHCl_3$).

Octa-O-methyl-fructosyl-fructoside (Isomerengemisch)

Eine Mischung aus 3.7 g 1.3.4.6-Tetra-O-methyl-D-fructose
($\underline{\underline{12}}$) und 1 g wasserfreiem Kupfersulfat wird unter magnetischem Rühren 2 Tage bei 40 - 50° zur Reaktion gebracht.
Danach behandelt man den Inhalt bei 0° C mit einer wässrigen Natriumhydrogencarbonat-Chloroformlösung. Die organische
Phase wird abgetrennt, mit Na_2SO_4 getrocknet und i. Vak.
bei 40° C zum Sirup eingeengt.
Ausb. 2.7 g Produktgemisch

Durch Kieselgelchromatographie mit Cyclohexan/Diiso-
propyläther/Pyridin (2:2:1) werden die Octa-O-methyl-D-
fructo-furanosyl-D-fructoside (als Isomerengemisch) vom
Ausgangsprodukt 12 abgetrennt.

Literaturverzeichnis

(1) Micheel, F., Klemer, A., "Chemie der Zucker und Poly-
      saccharide", Acad.Verl.Ges., Leipzig (1956).
      Stanek, J., Cerny, M. und Pacak, J., "The Oligo-
      saccharides", Acad.Press, NY (1965).
(2) Lemieux, P.U. und Huber, G., J.Amer.Chem.Soc., $\underline{75}$,
      4118 (1953).
(3) Klemer, A. und Dietzel, B., Tetrahedron Letters,
      275 (1970).
(4) Fletcher, H.G. und Ness, R.K., Carbohydr. Res., $\underline{17}$,
      465 (1971).
(5) Klemer, A., Buhe, E. und Kutz, R., Liebigs Annalen
      der Chemie $\underline{739}$, 185-193 (1970).
(6) Klemer, A. und Buhe, E., Tetrahedron Letters,
      1689 (1969).
(7) Klemer, A. und Kutz, R., Tetrahedron Letters, 1693
      (1969).
(8) Micheel, F. und Pick, Tetrahedron Letters, 1695 (1969).
(9) Klemer, A., Gaupp, K. und Buhe, E., Tetrahedron
      Letters, 4585 (1969).
(10) Klemer, A. und Dietzel, B., Carbohydr. Res. $\underline{11}$, 285
      (1969).
(11) Wolfrom, M.L. und Shafizadeh, F., J.Org.Chemistry
      $\underline{21}$, 88 (1956).
(12) Irvine, J.C., Oldham, J.W.H. und Skinner, A.F.,
      J.Amer.Chem.Soc. $\underline{51}$, 1279 (1929).
(13) Ness, R.K., Diehl, H.W. und Fletcher, H.G.,
      Carbohydr. Res. $\underline{13}$, 23-32 (1970).
(14) Klemer, A. und Buntrock, U., Tetrahedron Letters, 2315,
      (1972)

Forschungsberichte
des Landes Nordrhein-Westfalen

Herausgegeben im Auftrage des Ministerpräsidenten Heinz Kühn
vom Minister für Wissenschaft und Forschung Johannes Rau

Sachgruppenverzeichnis

Acetylen · Schweißtechnik
Acetylene · Welding gracitice
Acétylène · Technique du soudage
Acetileno · Técnica de la soldadura
Ацетилен и техника сварки

Arbeitswissenschaft
Labor science
Science du travail
Trabajo científico
Вопросы трудового процесса

Bau · Steine · Erden
Constructure · Construction material ·
Soilresearch
Construction · Matériaux de construction ·
Recherche souterraine
La construcción · Materiales de construcción ·
Reconocimiento del suelo
Строительство и строительные материалы

Bergbau
Mining
Exploitation des mines
Minería
Горное дело

Biologie
Biology
Biologie
Biologia
Биология

Chemie
Chemistry
Chimie
Quimica
Химия

Druck · Farbe · Papier · Photographie
Printing · Color · Paper · Photography
Imprimerie · Couleur · Papier · Photographie
Artes gráficas · Color · Papel · Fotografía
Типография · Краски · Бумага · Фотография

Eisenverarbeitende Industrie
Metal working industry
Industrie du fer
Industria del hierro
Металлообработывающая промышленность

Elektrotechnik · Optik
Electrotechnology · Optics
Electrotechnique · Optique
Electrotécnica · Optica
Электротехника и оптика

Energiewirtschaft
Power economy
Energie
Energía
Энергетическое хозяйство

Fahrzeugbau · Gasmotoren
Vehicle construction · Engines
Construction de véhicules · Moteurs
Construcción de vehículos · Motores
Производство транспортных средств

Fertigung
Fabrication
Fabrication
Fabricación
Производство

Funktechnik · Astronomie
Radio engineering · Astronomy
Radiotechnique · Astronomie
Radiotécnica · Astronomía
Радиотехника и астрономия

GPSR Compliance
The European Union's (EU) General Product Safety Regulation (GPSR) is a set
of rules that requires consumer products to be safe and our obligations to
ensure this.

If you have any concerns about our products, you can contact us on

ProductSafety@springernature.com

In case Publisher is established outside the EU, the EU authorized
representative is:

Springer Nature Customer Service Center GmbH
Europaplatz 3
69115 Heidelberg, Germany